VOLUME 80

IL MOMENTO INAUGURALE DELL'UNIVERSO

SECONDA EDIZIONE

Carlos L Partidas

Numero di deposito legale: MI2022000612

ISBN: 979 8367 9890 14

REGISTRAZIONE DELLA PROPRIETÀ INTELLETTUALE SAPI: N. 8074 DEL COMPENDIO DI CHIMICA DELLE MALATTIE REPUBBLICA BOLIVARIANA DEL VENEZUELA, 07/05/2010

DEDICAZIONE

ALLA MEMORIA DEL FISICO E MATEMATICO BRITANNICO PAUL ADRIEN MAURICE DIRAC. PAUL DIRAC HA PREVISTO MATEMATICAMENTE LA FORMAZIONE DI UN MONOPOLO MAGNETICO. IL MONOPOLO MAGNETICO SI È FORMATO NEL MOMENTO INAUGURALE DELL'UNIVERSO PIÙ GRANDE

INDICE DEI CONTENUTI

RICONOSCIMENTO

ALLE TEORIE DELLA RELATIVITÀ E DEL BIG BANG DI ALBERT EINSTEIN E GEORGES HENRY JOSEPH ÉDOUARD LEMAÎTRE. LE TEORIE DELLA RELATIVITÀ E DEL BIG BANG RAGGIUNGONO IL LORO PUNTO FINALE, QUANDO ANALIZZIAMO CHE LA MATERIA ELETTRONICA E LA MASSA MAGNETICA DELL'UNIVERSO SI SONO FORMATE DAL MOTO DI UN ALMATRINO. DAL PUNTO DI VISTA DELLA RELATIVITÀ, TUTTO NELL'UNIVERSO È ASSOLUTO. E DAL PUNTO DI VISTA DELLA TEORIA DEL BIG BANG, SARÀ IMPOSSIBILE PER L'UNIVERSO TORNARE AL SUO PUNTO INIZIALE, POICHÉ AVREMO BISOGNO DI PIÙ ENERGIA PER RIPORTARE L'UNIVERSO DAL NULLA

Capitolo 1

SCIENZA E RELIGIONE NELLA STORIA

I religiosi basano la loro fede devota su ciò che stabilisce l'immaginazione filosofica; questo è ciò che ha portato alla consuetudine di una mitologia che la maggior parte degli esseri umani comprende. Il pensiero filosofico è più facile da afferrare o comprendere rispetto all'analisi scientifica. Tuttavia, l'analisi scientifica è più logica di un assunto filosofico. L'analisi filosofica genera una cultura devota che si diffonde rapidamente attraverso la fede in qualcosa che non può essere visto fisicamente. Così, il concetto mistico di Dio si è radicato nelle persone religiose che non cercano di conoscere il ragionamento della conoscenza scientifica. Questo genera un'idea mistica nel devoto che la trasmette al resto degli esseri umani; ad esempio, un bambino nato in una famiglia devota basa la sua fede più su ciò che gli dicono i genitori che su ciò che stabilisce il ragionamento scientifico. Infatti, per analizzare un fenomeno in modo filosofico non è necessaria alcuna preparazione scientifica. Invece, ragionare attraverso la conoscenza scientifica richiede l'evoluzione dello spirito; e, alla fine, la conoscenza scientifica è più facile da comprendere rispetto a quella filosofica, perché la conoscenza scientifica si basa su una spiegazione logica degli eventi che porta a capire come si è formato il grande Universo. L'analisi scientifica sarà più facile da comprendere perché il pensiero scientifico si basa sulla logica e sull'esperimento.

Una volta fu chiesto a Paul Dirac quale fosse la differenza tra scrivere un'argomentazione scientifica e scrivere poesie. Al che Paul Dirac rispose: "... nella scienza devi spiegare qualcosa che la gente non conosce, mentre quando scrivi poesie tutti lo capiscono".

Oppure il caso di Charly Chaplin quando incontrò Albert Einstein e Albert Einstein disse a Charly Chaplin: "...volevo conoscerla, perché nei suoi film non dice nulla, ma tutti la capiscono". E Charly Chaplin gli rispose: "...e io volevo conoscere te, perché nessuno ti capisce anche se dici molto".

Ecco perché i libri di genere narrativo sono più diffusi di quelli che generano conoscenza scientifica. La lettura di un libro scientifico è più difficile da capire, ma una volta compreso l'argomento scientifico, genera una passione per la voglia di imparare, cioè per la conoscenza di ciò che è logico. Un libro di fantasia, invece, si basa sull'aspettativa. Quando la maggior parte delle persone legge un libro scientifico, questo non rappresenta un'aspettativa, ma una noia. Un libro scritto in modo filosofico contiene un'aspettativa, cioè un'argomentazione mistica che genera un mistero, che è più facile da capire per i lettori e adattare il loro modo di pensare al credo di una filosofia. Questo è ciò che ha portato all'esistenza di molte religioni, mentre la scienza esatta ha un unico argomento attraverso la dimostrazione della teoria. Quindi, ci vorrà più tempo per cambiare il modo di pensare dell'uomo, ma la ragione scientifica ha argomenti più solidi di un assunto filosofico. La conoscenza scientifica deve superare l'aspettativa di una fantasia.

Questi libri vengono indicati in modo negativo, ma senza alcuna argomentazione scientifica da parte dei religiosi, perché non sono conformi al pensiero religioso. Tuttavia, dovremmo lasciare ai lettori la libertà di decidere il loro modo di pensare, perché il pensiero può essere religioso o scientifico, ma ognuno deve avere i suoi argomenti. Pensare richiede solo discernimento, cioè ragionamento. Ma il ragionamento ha due lati: quello scientifico e quello religioso. Pertanto, il pensiero non può essere diretto solo dalla via religiosa o scientifica, poiché tutti abbiamo bisogno di applicare la logica scientifica o religiosa.

La logica scientifica è fornita solo dalla conoscenza e dall'esperimento. Il pensiero filosofico si produce perché non ci sono prove sperimentali a sostegno di ciò che si pensa.

L'idea di scienza sperimentale nasce dall'analisi dello scienziato inglese Francis Bacon. Francis Bacon si confrontò con le idee filosofiche di Aristotele, perché le idee filosofiche di Aristotele non contengono un argomento scientifico che possa essere dimostrato con un esperimento. Possiamo dire che la scienza sperimentale inizia con le idee scientifiche del britannico Francis Bacon.

Allo stesso modo, possiamo dire che la dottrina del pensiero religioso inizia con le idee filosofiche del pensatore greco Claudio Tolomeo. Claudio Tolomeo considerava filosoficamente che il centro dell'Universo fosse la Terra, finché il matematico Aristarco di Samo non riuscì a calcolare matematicamente le dimensioni del Sole. Aristarco calcolò in modo più scientifico che il Sole era 20 volte più grande della Terra. Questa teoria di Aristarco è un'equazione matematica, il cui risultato non può essere dimostrato sperimentalmente; ma può essere accettata in modo scientifico, perché il calcolo è stato fatto in modo analitico utilizzando uno strumento scientifico, che in questo caso era rappresentato dalla matematica. Poi, però, la matematica è stata ripresa dai filosofi per far sembrare più scientifici i pensieri filosofici, anche se senza alcuna logica.

Logicamente, un corpo più grande non può ruotare intorno a uno più piccolo. Con maggiore precisione matematica, oggi si sa che il Sole è 1.330.000 volte più grande della Terra. Il Sole sta ancora crescendo dal suo punto di partenza. Ma non è che il Sole sia apparso all'improvviso nel firmamento pronunciando alcune parole magiche cercate con un'argomentazione filosofica.

Il processo di crescita dell'Universo dal suo momento iniziale è in corso da 13,8 miliardi di anni; ma questa crescita dell'Universo non può essere fermata.

Ciò che oggi possiamo classificare come perfezione è dovuto all'adattamento della disposizione delle cariche elettroniche nel tempo trascorso. Ma abbiamo la percezione che sia stato qualcuno di perfetto a creare questa perfezione. La disposizione delle cariche elettroniche è perfetta perché è una disposizione logica, che si basa su un adattamento che le cariche elettroniche fanno. Queste disposizioni delle cariche elettroniche della materia elettronica sono avvenute e continueranno ad avvenire nell'Universo, ma non saremo in grado di vedere questi adattamenti delle cariche elettroniche nel breve tempo della nostra vita fisica sulla Terra. Inoltre, questi arrangiamenti delle cariche elettroniche avvengono su una scala molto piccola, quindi dovremmo osservare per tutta la vita con un microscopio per poter vedere questi cambiamenti che avvengono nella materia elettronica.

Ad esempio, il corpo fisico degli esseri viventi in questo momento dell'esistenza ci appare come una perfezione. Sembra che sia stato qualcuno a creare questa perfezione; in realtà, il corpo fisico è un adattamento che dura da milioni di anni. La perfezione del corpo fisico è il risultato di un numero infinito di mutazioni apportate dalle cariche elettroniche; cioè, la disposizione funzionale delle differenze di cariche elettroniche che sono disposte spazialmente tra nuclei ed elettroni.

La differenza di dimensioni tra il Sole e la Terra ha generato l'idea dell'eliocentrismo, perché all'epoca il Sole era conosciuto come il dio Helios nella mitologia generata dai filosofi greci.

L'idea ragionata dell'eliocentrismo fu ripresa in modo più scientifico dall'astronomo polacco Nicolaus Copernicus. L'idea dell'eliocentrismo è considerata una delle prime teorie della storia della scienza. Tuttavia, l'idea del geocentrismo di Claudio Tolomeo si era già radicata nella dottrina della Chiesa cattolica, poiché il libro di Nicolaus Copernicus era stato incluso nell'index librorum prohibitorum. Cioè, il libro scritto da Nicolaus Copernicus che conteneva l'idea dell'eliocentrismo era nell'elenco di quelle pubblicazioni la cui lettura era considerata un sacrilegio dalla Chiesa cattolica.

Così, la lettura del libro di Nicolaus Copernicus da parte di quei devoti che cercavano una spiegazione più scientifica di come fosse avvenuta la formazione dell'Universo, per la minoranza dei vertici della Chiesa cattolica che guidavano un gran numero di devoti, questo libro rappresentava un'immoralità che pregiudicava la coltivazione della fede cattolica. Pertanto, la lettura dei libri di questo elenco era proibita ai devoti del cattolicesimo. A quanto pare, solo i devoti che cercavano di leggere i libri di questo elenco di eretici venivano puniti con la scomunica.

L'elenco dei libri proibiti dalla Chiesa cattolica fu promulgato su richiesta del Concilio di Trento da Papa Pio IV il 24 marzo 1564. Ma Papa Paolo VI iniziò a riformare il modo di agire della Chiesa cattolica; pertanto, Papa Paolo VI soppresse la pubblicazione delle successive edizioni dei libri proibiti dalla

Chiesa cattolica. Forse perché Paolo VI la considerava una lista assurda.

Il 4 novembre 1992, Papa Giovanni Paolo II disse quanto segue: "... l'errore dei teologi del tempo, quando sostenevano la centralità della Terra, era quello di pensare che la nostra comprensione della struttura del mondo fisico fosse in qualche modo imposta dal senso letterale delle Sacre Scritture".

Nel gennaio 2008, studenti e professori hanno protestato contro la visita di Papa Benedetto XVI all'Università La Sapienza, scrivendo in una lettera le opinioni espresse da Papa Benedetto XVI che offendevano la memoria del grande scienziato italiano Galileo Galilei. Nella lettera si legge: "...ci offendono e ci umiliano come scienziati fedeli alla ragione; e come insegnanti che hanno dedicato il nostro stile di vita all'avanzamento e alla diffusione della conoscenza".

L'elenco degli eretici contenuto nel libro non poteva essere sostenuto dal progresso della logica scientifica; per questo, 359 anni dopo, Papa Giovanni Paolo II chiede scusa, a nome della Chiesa cattolica, alle idee dello scienziato italiano Galileo Galilei. In altre parole, 359 anni dopo, la Chiesa cattolica ritratta la condanna della ritrattazione a cui fu costretto il grande scienziato italiano Galileo Galilei. Galileo Galilei ritrattò per evitare di essere bruciato vivo sul rogo, ma non poteva dubitare di ciò che vedeva attraverso il suo piccolo telescopio.

L'errore di Nicolaus Copernicus fu quello di ritenere che le orbite che descrivono le traiettorie delle stelle nell'Universo fossero circolari. Finché l'astronomo e matematico tedesco Johannes Kepler non rivoluzionò l'analisi scientifica. Keplero stabilì che le orbite delle traiettorie delle stelle nell'Universo sono ellittiche. Diciamo che la deduzione di Johannes Kepler era logica, perché si basava sull'osservazione naturale dei cristalli di neve che cadevano sul cappotto di Keplero in inverno. I fiocchi di neve sono cristalli a geometria esagonale. Allo stesso modo, le api, nonostante siano considerate insetti poco razionali, costruiscono i loro favi in forma esagonale, perché la forma esagonale ottimizza lo spazio fisico e risparmia la quantità di cera. Se invece di essere esagonali, i favi delle api fossero circolari, si dovrebbe usare più cera. Possiamo dire che questa è stata una decisione logica da parte delle api, perché un esagono è seguito da un altro esagono, il che significa che la quantità di cera non viene sprecata. Le arance del negozio di frutta possono essere impilate a piramide dal fruttivendolo.

L'osservazione di come impilare le arance si deve anche a Johannes Kepler, quando gli fu chiesto come si potessero impilare le palle di cannone nel magazzino di una nave, in modo che le palle di cannone occupassero meno spazio fisico. Johannes Kepler rispose: a forma di piramide. Una piramide è composta da diversi esagoni e gli esagoni impilati formano una geometria ellittica.

In altre parole, per essere uno scienziato, la prima qualità è l'immaginazione e l'acutezza sufficiente per cogliere con l'osservazione come sono le forme naturali. Infatti, le forme naturali si verificano logicamente; quindi, le forme naturali sono spontanee. Dobbiamo solo avere abbastanza immaginazione per proiettare le forme naturali nella logica di una teoria. Per esempio, supponiamo che gli eventi siano accaduti nel passato, 13,8 miliardi di anni fa, e che gli eventi accadranno in un futuro che è al di là del più infinito.

Il meno infinito si trova al punto zero, perché abbiamo individuato il punto zero dell'Universo; e si suppone che ci si sposti dal punto zero a un altro punto che si trova al più infinito. Prima del punto zero non esiste nulla; qualsiasi cosa possa esistere prima del punto zero sarà virtuale dal punto di vista matematico.

Edmund Halley era amico di Isaac Newton e fu in grado di calcolare matematicamente la traiettoria ellittica di una cometa. Edmund Halley fu in grado di determinare matematicamente e considerando le stelle come punti, che la cometa in analisi passava nello stesso punto del suo percorso ellittico intorno al Sole ogni 75 anni. Questa cometa, che pochissimi esseri umani vedranno due volte nel corso della loro vita transitoria, prese il nome dal suo scopritore. La chiamarono cometa di Halley. Per esempio, Edmund Halley non riuscì a vedere la sua cometa una seconda volta.

Quindi, l'Universo ha una geometria sferica, perché è l'unico modo per avere un numero infinito di particelle che si muovono in modo ellittico. Le traiettorie ellittiche impediscono a due o più particelle di scontrarsi. Nel macro mondo che si è formato dal micro mondo, quindi, possiamo avere diverse stelle che si muovono in modo ellittico in un Universo a geometria sferica con la stessa quantità di energia.

L'Universo è di forma sferica, poiché solo le traiettorie descritte dalle stelle che si muovono nell'Universo sono ellittiche.

Affinché una stella percorra un'orbita ellittica, deve ruotare su se stessa. Il nucleo della cometa di Halley, ad esempio, ruota su se stesso ogni 50 ore per seguire il suo percorso ellittico, mentre impiega 75 anni per percorrere il nucleo del grande pianeta Sole. Le orbite ellittiche non hanno una velocità di traiettoria costante, perché un'ellisse è un cerchio schiacciato.

Pertanto, dobbiamo assumere che, per le particelle elementari, questa velocità di rotazione sia superiore alla velocità di traslazione dei fotoni di luce. Ma Albert Einstein commise un errore quando considerò che nessuna particella può muoversi più velocemente della velocità di un fascio di fotoni che forma la radiazione elettromagnetica della luce. Albert Einstein confuse la velocità di rotazione della luce con la velocità di traslazione. Ma non possiamo pensare che i fotoni non ruotino su se stessi per muoversi.

Le radiazioni luminose contengono materia elettronica, ma la luce non contiene massa magnetica. La massa magnetica, non avendo materia elettronica, può muoversi più velocemente della luce. Il movimento dell'energia elettronica crea energia magnetica. L'energia elettronica può essere integrata come materia elettronica quando si muove molto velocemente. A causa dell'elevata velocità di rotazione dell'energia elettronica, si formano nuclei elettronici positivi ed elettroni elettronici negativi. I nuclei positivi possono essere ulteriormente integrati, ma l'integrazione avverrà spazialmente con gli elettroni negativi per formare un'infinità di materiali elettronici. Le forze che motivano queste integrazioni sono le differenze di carica elettronica, che i fisici chiamano bosoni.

Se la velocità della luce elettronica che si muove a 300.000 chilometri al secondo fosse sufficiente a convertire l'energia dell'Universo in materia elettronica, l'Universo sarebbe solido; o se lo fosse, l'Universo sarebbe diventato un'unica roccia.

Ma, come già detto, la massa magnetica non contiene materia elettronica; pertanto, la massa magnetica può muoversi più velocemente della luce.

È stata la famiglia Einstein (tra cui Mileva Marić) a continuare a confondere la massa magnetica con la materia elettronica. La massa magnetica occupa un posto nello spazio; ma la massa magnetica non ha peso, perché non contiene affatto materia elettronica. La materia elettronica ha un peso; pertanto, il peso della materia elettronica dipenderà dalla forza di gravità, che è prodotta dal flusso di energia elettronica dai nuclei delle stelle. Pertanto, il peso della materia elettronica è diverso in ogni punto o luogo dell'Universo e non esiste, ad esempio, un gravitone.

Il peso della materia elettronica è una funzione della forza attrattiva esercitata dalla materia elettronica sui nuclei elettronici, poiché la forza attrattiva è spaziale tra i nuclei positivi della materia elettronica e la materia negativa degli elettroni. È per questo che i nuclei come il Sole sono più massicci dei suoi satelliti, rappresentati dai pianeti. Il Sole è un nucleo elettronico, mentre i pianeti sono negativi e compensano con la loro carica negativa la carica positiva del Sole. Ad esempio, la carica negativa scorre dalla Terra al Sole. I pianeti che ruotano intorno al nucleo del Sole dovrebbero essere chiamati satelliti del grande pianeta Sole.

La massa magnetica non ha peso, perché non ha nuclei né elettroni, cioè non contiene materia elettronica. Pertanto, la massa magnetica non cambia nel tempo. Essendo integrata senza nuclei ed elettroni, la massa magnetica forma una struttura più stabile della materia elettronica, cioè la massa magnetica non può essere disposta spazialmente o nello stesso modo della materia elettronica.

Forse, la cometa di Halley riesce a compensare con la sua carica negativa spaziale la carica positiva del grande nucleo positivo del Sole. La cometa di Halley non si fonde con il Sole, perché l'attrazione della materia elettronica è spaziale. La cometa di Halley potrebbe essere consumata solo dai satelliti negativi che orbitano intorno al nucleo del pianeta Sole; ma le cariche dello stesso segno elettronico si respingono. Quindi, la cometa di Halley è respinta dai satelliti del Sole, che chiamiamo pianeti. La cometa di Halley è negativa, ma è legata spazialmente al nucleo del Sole dalla differenza tra le cariche elettroniche. Ad esempio, la corrente elettronica viaggia dai pianeti negativi al nucleo del Sole. La corrente negativa scorre dal satellite Terra verso il grande nucleo del Sole.

Ma, finalmente, lo strumento scientifico fece la sua comparsa con il grande astronomo italiano Galileo Galilei. Galileo Galilei fu in grado di osservare con il suo piccolo telescopio che il centro dell'Universo non era né la Terra né il Sole. Tuttavia, la Chiesa cattolica aveva già un altro modo per condannare i colpevoli e salvare i devoti. Così, la Chiesa cattolica aveva aggiunto la massima pena dell'Inquisizione all'index librorum prohibitorum, per bruciare vivi gli autori e salvare i lettori devoti che cercavano una spiegazione più logica. I chierici, infatti, non riuscivano a trovare un modo per fermare il progresso logico della scienza. Così, la Chiesa cattolica promulgò la pena estrema dell'Inquisizione per bruciare vivo l'autore e i libri che contenevano le sue idee.

La Chiesa cattolica non voleva osservare l'Universo attraverso il piccolo telescopio di Galileo Galilei. Galileo Galilei si salvò dal rogo, perché era un amico del Papa; ma la condizione che il Papa avrebbe imposto a Galileo Galilei per non essere messo al rogo sarebbe stata quella di ritrattare l'eresia che Galileo Galilei stava compiendo attraverso un telescopio contro il pensiero filosofico della Chiesa cattolica. L'idea pratica del telescopio sarebbe stata più facile da impiantare nella mente degli scienziati.

Galileo Galilei scrisse il suo pensiero in un libro intitolato: "Dialogo sopra i due massimi sistemi del Mondo". Tuttavia, prevedendo la pena dell'Inquisizione, Galileo Galilei non volle pubblicare il suo libro in Italia. Galileo Galilei pubblicò il suo libro nei Paesi Bassi, perché la pubblicazione del libro serviva a salvare il pensiero scientifico, che sarebbe rimasto impresso nella storia della scienza sperimentale, perché il libro si salvava dal rogo imposto dalla Chiesa cattolica in Italia con l'Inquisizione. Galileo Galilei utilizzò strategicamente il dialogo tra tre personaggi fittizi, Salviati, Sagredo e Simplicio, per scrivere il suo libro.

Quindi, a causa di questo sospetto su Galileo Galilei, la Chiesa cattolica non riuscì a bruciare il libro "Dialogo sopra i due massimi sistemi del mondo". Non riuscì nemmeno a bruciare l'idea del telescopio di Galileo Galilei; così, ora abbiamo una replica più sofisticata del telescopio di Galileo: il telescopio James Webb, lanciato nello spazio il 25 dicembre 2021. Il James Webb Telescope sta inviando immagini più nitide, ma sono solo i grafici di una piccola porzione della vasta immensità dell'Universo.

Galileo Galilei fu un contemporaneo di Francesco Bacone. Francis Bacon riteneva che ogni teoria scientifica dovesse essere verificata attraverso l'esperimento della scienza sperimentale. Lo strumento scientifico di Galileo Galilei era il suo telescopio.

Lo scienziato britannico Stephen Hawking ha detto in una conferenza: "... con la scienza sperimentale, il pensiero filosofico è morto".

Tuttavia, la scienza teorica e sperimentale deve farsi strada tra le diverse correnti religiose per stabilire come si è formata l'energia che muove l'Universo; e da dove e in quale forma è nata la massa magnetica dello spirito, che è l'energia che cavalca il corpo di ogni essere vivente per guidarlo.

Il corpo fisico è costituito solo da materia elettronica mutevole, mentre lo spirito è costituito da massa magnetica eterna. Sarà impossibile voler distruggere la massa magnetica dello spirito, perché lo spirito non ha materia elettronica. La massa magnetica dello spirito non ha né nuclei né elettroni; quindi lo spirito non può essere distrutto. E poiché è un'energia cosciente, lo spirito non può distruggersi.

All'inizio, cioè quando l'Universo era infinitamente piccolo, si formarono solo micro-corpi elettronici, cioè corpi fisici elementari, che noi conosciamo come virus. Poi, sulla Terra, c'erano le condizioni ambientali necessarie perché i virus mutassero. Da queste mutazioni dei virus si sono formate cellule composite che si sono replicate in modi diversi e secondo le differenze di cariche elettroniche che hanno formato i corpi elettronici funzionali di tutti gli esseri viventi.

Lo spirito è eterno, perché la massa magnetica dello spirito non cambia nel tempo; infatti, la massa magnetica dello spirito non contiene materia elettronica. L'unica cosa che cambia nel tempo è la materia elettronica del corpo fisico. Il cambiamento della materia elettronica del corpo fisico è dovuto alla regolazione spaziale delle cariche elettroniche.

Il tempo esiste solo sulla Terra; ma il tempo è utile per stabilire come è stato un evento e come sarà tra due punti consecutivi; cioè, per vedere come sono andati gli eventi e per immaginare come saranno gli eventi tra due punti consecutivi nel tempo a venire.

Capitolo 2

NEL NULLA NON C'È NIENTE

L'energia viene prodotta finché un corpo fisico è in movimento; se non c'è movimento del corpo fisico, l'energia non viene prodotta. Un corpo che non è in movimento non produrrà energia; ma tutte le particelle elementari sono in movimento. Per esempio, nel mondo fisico, l'elettricità è generata dal movimento dell'aria, nell'acqua quando una turbina si muove, o in un motore che aziona una dinamo; in un'automobile dove il movimento del motore si trasforma in energia di avanzamento. Se non c'è movimento non c'è energia e nell'Universo le stelle sono costituite da particelle in movimento. Per esempio, il Sole e la Terra sono in movimento; o nel corpo di qualsiasi essere vivente, la vecchiaia si verifica perché le cellule sono in movimento elettronico.

Il movimento della materia elettronica di un corpo fisico di un essere vivente avviene perché il calore è generato nei mitocondri quando consumiamo il cibo. Invece, la massa magnetica dello spirito è l'energia che muove il corpo fisico dell'essere vivente. Lo spirito non fornisce energia per il movimento del corpo di un essere vivente; la massa magnetica dello spirito guida solo il corpo fisico dell'essere vivente. Quando la massa magnetica dello spirito viene scollegata dalla materia elettronica del corpo fisico, la materia elettronica del corpo fisico diventa priva di vita, cioè la materia elettronica del corpo diventa inanimata senza l'energia magnetica motrice dello spirito. In questo caso, l'energia che muove il corpo fisico è consapevole della sua esistenza; è la massa magnetica che forma lo spirito; quindi, la massa magnetica dello spirito è ancora viva; solo che la massa magnetica dello spirito non ha più la materia elettronica del corpo fisico a guidarla. In altre parole, se il corpo non dispone dell'energia fornita dalla massa magnetica dello spirito, in quell'istante il corpo non ha più alcun movimento. Sulla Terra si dice che il corpo è morto, ma il corpo non è morto, quello che succede è che il corpo formato da materia elettronica non ha la massa magnetica dello spirito per potersi muovere nel mondo fisico; perché il corpo fisico non ha più il conduttore. L'energia appare quando c'è movimento; e la generazione di energia cessa nell'istante stesso in cui cessa il movimento.

Uno dei filosofi che ha pensato a questo fenomeno del movimento è stato Parmenide. Ma nel nulla non c'è energia, quindi nel nulla non può esserci movimento. Il movimento è apparso solo nel nulla, quando nel mezzo del nulla si è formata la più piccola particella che possiamo immaginare e ha iniziato a muoversi; e in quell'istante è apparsa l'energia attraverso il movimento; pertanto, abbiamo definito la più piccola energia che può entrare nella nostra immaginazione come un almatrino. L'Universo è un sistema energetico, la cui energia minima è apparsa nell'istante stesso in cui l'almatrino ha iniziato a muoversi e una quantità infinitesimale di energia è stata prodotta dal nulla. Quindi, il moto dell'almatrino era contro il nulla; quindi, il moto dell'almatrino è diventato infinito rispetto alle dimensioni infinitesimali dell'Universo nascente. La velocità di rotazione di quella quantità minima di energia non poteva più essere fermata, perché l'almatrino generava da sé l'energia che lo manteneva in movimento. Così, il moto è diventato un moto accelerato. Quindi, l'Universo sarà sempre in movimento, perché l'Universo produce da sé l'energia che lo spinge verso il nulla. Nel nulla non ci sono forze che si oppongono alla crescita accelerata dell'Universo; pertanto, il moto dell'Universo è in forma incrementale rispetto alla quantità di energia che viene generata.

Ecco perché Parmenide diceva: "... per parlare di qualcosa dobbiamo dire che qualcosa esiste". Ma nel nulla non c'è nulla. Nel nulla non c'è cambiamento, perché nel nulla non c'è nulla che possa essere cambiato.

Non ha quindi senso pensare che il nulla sia stato creato, perché nel nulla non c'è nulla che possa essere creato o modificato. Nel nulla non c'è nemmeno il pensiero o l'energia per cercare di creare qualcosa, perché il nulla è un vuoto assoluto.

Il nulla non è nemmeno infinito, perché il limite interno del nulla è uguale al limite esterno dell'Universo. L'Universo è una sfera di accrescimento nel nulla. L'Universo ha iniziato a formarsi grazie al moto del nulla, ma dobbiamo collegare il nulla all'Universo. È stato il movimento di questa particella minima che ha iniziato a generare l'energia di quello che oggi è il grande Universo. Il confine che separa l'Universo dal nulla può crescere all'infinito, perché nel nulla non c'è nulla, o il nulla cresce al crescere delle dimensioni dell'Universo. L'Universo sta implodendo nel centro del nulla; e questa implosione dell'Universo nel nulla è ciò che crea lo spazio fisico dell'Universo.

Come abbiamo detto, questa particella elementare che si è formata nel nulla, abbiamo dovuto definirla almatrino, per collegare il nulla all'Universo. In quel primo istante del suo moto tangenziale, un almatrino non poteva contenere materia o carica elettronica; e poiché è energia, un almatrino non può essere senza moto.

È logico pensare che, in quell'istante iniziale, nell'almatrino si sia formato un singolo polo magnetico e che quindi si sia formato il primo monopolo magnetico dell'Universo. Pertanto, abbiamo messo in relazione l'inizio del moto energetico di un almatrino con il monopolo magnetico di Paul Dirac. Paul Dirac è l'unico fisico che ha determinato matematicamente la formazione di un monopolo; e, in quel momento inaugurale dell'Universo, l'almatrino aveva effettivamente un solo polo.

Wolfgang Pauli propose la creazione del neutrino; tuttavia, in quel periodo della storia della fisica, non si poteva comprendere l'esistenza di particelle elementari prive di energia; la particella poteva solo contenere materia. Pertanto, Wolfgang Pauli disse in una conferenza: "... ho fatto una cosa terribile, perché ho postulato una particella che non può essere rilevata".

Wolfgang Pauli chiamò questa particella immaginaria, che non aveva né carica né massa, neutrone. Ma il fisico italiano Enrico Fermi suggerì a Wolfgang Pauli di chiamare la particella neutrino, perché il neutrone esisteva già. Il fermione prese il nome dal fisico italiano Enrico Fermi. Il bosone fu proposto da Paul Dirac per onorare la memoria del fisico e matematico indiano Satyendra Nathan Bose.

Il fisico cinese Wang Ganchang propose l'idea di rilevare la particella elementare proposta da Wolfgang Pauli dal decadimento della radiazione beta.

Nel 1956, i fisici sperimentali Clyde Cowan e Frederick Reines riuscirono a sviluppare un esperimento per rilevare la particella elementare proposta da Wolfgang Pauli. Ciò avvenne nel reattore 'P' dell'impianto di Savannah River, dove il 14 giugno 1956. Con le loro apparecchiature sperimentali, Reines e Cowan riuscirono a catturare i neutrini. Clyde Cowan e Frederick Reines inviarono un telegramma a Wolfgang Pauli dicendo: "...siamo lieti di informarla che abbiamo definitivamente rilevato i neutrini dai frammenti di fissione osservando il decadimento beta inverso dei protoni".

Il neutrino è quindi la più piccola particella elementare che l'uomo sia stato in grado di rilevare con apparecchiature sperimentali. Ma tutto indica che un neutrino ha una quantità molto piccola di materia elettronica; quindi, un neutrino sarebbe la più piccola particella elettronica esistente.

Abbiamo quindi dovuto definire l'almatrino come la particella elementare più piccola di un neutrino. L'almatrino non ha carica e non ha materia elettronica, ma non potremo rilevare sperimentalmente un almatrino, perché non potremo costruire rivelatori con materia elettronica per gli almatrino che lascino una traccia della loro esistenza. Gli almatrino passerebbero attraverso qualsiasi rivelatore fatto di materia elettronica senza essere rilevati; quindi, gli almatrino non ci lasceranno un segnale per dimostrare la loro esistenza nell'Universo.

Tuttavia, il pensiero di Parmenide assumeva un concetto filosofico, come le deduzioni di Aristotele.

Allo stesso modo, il concetto scientifico di Albert Einstein è stato portato dallo stesso Albert Einstein dal piano scientifico a quello filosofico. Albert Einstein è stato il fisico che ha adottato una posizione filosofica simile al pensiero filosofico di Parmenide. Per consolare la vedova della morte dell'amico Michele Besso, Albert Einstein le inviò una lettera in cui diceva quanto segue: "... e ora, ha lasciato questo strano mondo un po' prima di me. Questo non significa nulla. Per noi che crediamo nella fisica, la distinzione tra passato, presente e futuro non è altro che un'ostinata e persistente illusione". In questa lettera, Albert Einstein sembra aver abbandonato all'ultimo momento la traiettoria che lo aveva portato all'apice della scienza fisica.

Albert Einstein si è disconnesso dal suo corpo fisico, un mese e tre giorni dopo la disconnessione del suo amico Michele Besso. Ma ciò che è realmente accaduto è che Albert Einstein è partito per il mondo degli spiriti all'età di 76 anni, precisamente il 18 aprile 1955. Quindi, gli spiriti di Albert Einstein e Michele Besso non sono morti; sono ancora vivi come spiriti nel mondo degli spiriti.

Tuttavia, sarà impossibile vedere il mondo degli spiriti dal mondo fisico a cui Albert Einstein si riferisce, anche se entrambi i mondi possono essere osservati dal mondo degli spiriti; infatti, la visione non è un fenomeno ottico, ma un fenomeno elettronico. Quindi, il mondo degli spiriti è un mondo reale, mentre la dualità della vita fisica è temporanea. La dualità spirito-corpo durerà finché durerà l'esistenza della materia elettronica del corpo fisico. La massa magnetica dello spirito, invece, è la vera forma di esistenza e rappresenta l'eterna permanenza che può alternarsi nei due mondi. Gli occhi del corpo fisico sono le finestre che permettono allo spirito di osservare dal corpo fisico ciò che accade nel suo mondo fisico.

Gli spiriti emettono suoni infrasonici, perché il suono non è un'onda elettromagnetica, ma una perturbazione del mezzo fisico. Ciò che inonda l'ambiente fisico di un essere umano è la sostanza dell'aria; quindi, ci vuole più forza per spostare una massa d'aria che si trova tra chi emette il suono e chi lo ascolta; di conseguenza, uno spirito non può tenere una conversazione piacevole con un essere umano adulto incarnato. L'essere umano adulto proverà paura, perché riconosce che il timbro con cui sta parlando è uno spirito.

Ci vuole meno sforzo per disturbare un corpo d'acqua che un corpo d'aria. Quindi, i bambini possono captare l'infrasuono di uno spirito fino all'età di 5 anni. Questo accadrà al bambino, man mano che si adatta a stare nell'aria nel suo mondo fisico. Il suono si muove 5 volte più velocemente nell'acqua che nell'aria; e il disturbo nell'acqua calda è maggiore che nell'acqua a temperatura normale. Gli occhi dei bambini si sono formati chiusi nell'acqua calda della placenta, così come le orecchie. Perciò i bambini fino a 5 anni sono gli unici che possono vedere e parlare piacevolmente con il timbro magnetico di uno spirito.

Un bambino non sa che ciò che sta guardando è l'immagine olografica del nonno in forma di spirito; pertanto, il bambino non ha paura di ciò che vede; tuttavia, il padre del bambino non può vedere la figura olografica dello spirito di suo padre, perché il padre del bambino sa che suo padre è morto. Non possiamo nemmeno usare un bambino come cavia. E per quanto riguarda un bambino di 5 anni, crediamo che ci stia mentendo o che abbia delle allucinazioni, perché, da adulti, non saremo in grado di vedere ciò che vede il bambino.

Possiamo vedere le immagini quando dormiamo, cioè con gli occhi chiusi. Le persone non vedenti possono vedere le immagini durante i sogni e localizzare gli ostacoli nello spazio fisico senza avere gli occhi fisici.

Tuttavia, non saremo in grado di catturare le immagini quando sono ferme, perché il cervello trasformerà le immagini ferme in una sequenza di immagini in movimento per mezzo del fenomeno phi. Il fenomeno phi è un'illusione ottica scoperta dallo psicologo tedesco Max Wertheimer. Il fenomeno phi è lo stesso che si verifica quando guardiamo i cartoni animati. I cartoni animati sono stati resi popolari dall'imprenditore americano Walter Elias Disney con la sua società Walt Disney.

Tuttavia, non possiamo vedere nei sogni gli eventi che non sono accaduti, perché gli eventi che non sono accaduti esistono solo nell'immaginazione. Quando ci riferiamo all'immaginario, l'immaginario equivale al nulla, quindi l'immaginazione non è qualcosa di reale.

Saremo in grado di vedere solo gli eventi che sono accaduti nello stesso tempo rispetto all'Universo. Ma, a causa della grande distanza che separa i due punti tra i quali nel primo punto è accaduto un evento, sembra essere un tempo futuro per qualcuno che sta viaggiando a velocità zero rispetto a un corpo che è in movimento rispetto all'Universo. Se c'è qualcuno che può muoversi a una velocità superiore a quella della luce, sarà in grado di vedere quegli eventi che accadono qualche tempo prima rispetto al tempo di chi sta viaggiando a velocità zero rispetto a un corpo in movimento nell'Universo.

Un esempio è una persona che viaggia sulla Terra. L'altro è uno spirito. Lo spirito contiene solo massa magnetica; non avendo materia elettronica, lo spirito non ha peso, quindi può muoversi più velocemente di un raggio di luce.

Pertanto, Galileo Galilei immaginò in una conversazione dei suoi personaggi fittizi: Salviati, Sagredo e Simplicio sulla velocità con cui si muove la luce.

Simplicio dice a Sagredo:

"... e l'esperienza quotidiana ci dimostra che la propagazione della luce è istantanea; infatti, quando vediamo un cannone sparare a grande distanza, il lampo arriva ai nostri occhi senza che trascorra alcun tempo; mentre il suono arriva alle nostre orecchie solo dopo un intervallo percettibile".

Sagredo risponde a Simplicio:

"... ebbene Simplicio, l'unica cosa che posso dedurre da questa esperienza molto comune, è che il suono per raggiungere le nostre orecchie viaggia più lentamente della luce; ma, questo non mi informa se la rapidità della luce è istantanea; o, anche se è estremamente rapida, in ogni caso, la luce investe un certo tempo".

Possiamo ritirare il cannone di Galileo perché Sagredo accenda la miccia del cannone a mezzo anno luce, cioè a una distanza di circa 4.730.365.236.290 chilometri. Simplicio, in quanto spirito, può viaggiare a 90.000.000.000 di chilometri al secondo, mentre la luce ha una materia elettronica; pertanto, la luce viaggia a una velocità inferiore rispetto alla massa magnetica dello spirito. La luce viaggia a 300.000 chilometri al secondo. Sulla Terra lasciamo Salviati ad assistere all'evento dello sparo del cannone quando Sagredo accende la miccia. Simplicio dà l'ordine a Sagredo di accendere la miccia del cannone... Simplicio torna sulla Terra per informare Salviati che tra 6 mesi vedrà il cannone sparare. Dopo 3 mesi Simplicio torna dove si trova Sagredo con il cannone; e incontra nel mezzo del cammino il raggio di luce che porta il segnale del candelabro per Salviati che si trova sulla Terra. Simplicio continua il suo cammino fino a dove si trova Sagredo con il cannone. Ma, al punto 1 dove è avvenuto il fatto, non c'è più Sagredo con il cannone, perché sono passati 3 mesi e Sagredo ha lasciato il luogo con il suo cannone.

Dopo 6 mesi Salviati, che sta cavalcando sulla Terra con velocità zero rispetto alla Terra, che si muove a 28 chilometri al secondo rispetto al Sole, vede il lampo del cannone che ha portato il raggio di luce. Salviati riflette un po' e dice che Simplicio è un indovino, perché Simplicio è riuscito a vedere nel tempo presente un evento accaduto 6 mesi fa.

In realtà, il candeliere è avvenuto nello stesso momento per Sagredo, Simplicio e l'Universo, solo che Salviati ha dovuto aspettare 6 mesi per vedere la luce percorrere 4,7 miliardi di chilometri affinché Salviati potesse vedere il candeliere del cannone. Vale a dire che per l'Universo, Simplicio e Sagredo il tempo era un presente, mentre per Salviati l'evento è accaduto nel futuro. Pertanto, gli eventi che non sono accaduti non potremo vederli.

La relazione matematica che spiega in quale punto l'energia diventa massa è l'equazione di Albert Einstein e Mileva Marić, $E=mC^2$. Tuttavia, questa equazione non ha senso dal punto di vista fisico, perché non specifica se 'm' corrisponde alla massa magnetica o se 'm' è la quantità di materia elettronica. Senza il chiarimento del significato di questa variabile, l'equazione dell'energia della teoria della relatività non ha senso dal punto di vista fisico. La teoria della relatività non ha senso se non viene definita la quantità iniziale di materia m_0 dell'Universo; infatti, per Albert Einstein la quantità iniziale di materia elettronica dell'Universo è immaginaria.

Forse furono Albert Einstein e Mileva Marić a confondere il termine complesso del matematico tedesco Johann Carl Friedrich Gauss. Hanno chiamato il termine complesso di Gauss un termine immaginario, ma complesso è diverso da immaginario. Il complesso è difficile da trovare matematicamente. Il complesso può essere difficile da trovare, ma il complesso è reale; il complesso non è immaginario.

L'equazione che spiega come si è formata la materia elettronica da una quantità iniziale di materia elettronica m_0, è stata derivata dalla massa iniziale utilizzando il termine complesso 'i'. Questa equazione è: $Ev=m_0C^3$, dove m_0 rappresenta la quantità di materia elettronica iniziale, che si è formata nel primo istante di esistenza dell'Universo nascente. La velocità v è la velocità dell'almatrino.

Nel nulla non c'è nulla e abbiamo già detto che la dimensione del nulla è la stessa che l'Universo sta acquisendo in ogni istante che passa. Pertanto, l'istante inaugurale dell'Universo è iniziato nello stesso istante in cui è iniziato il movimento dell'almatrino. Ma la creazione della materia elettronica continua finché esiste il movimento; infatti, senza il movimento dell'energia elettronica non ci sarebbe materia elettronica.

Dovremmo commemorare questo evento una volta per ogni anno terrestre, perché è grazie a questo movimento che noi esistiamo nell'Universo e che l'Universo esiste; quindi, l'inaugurazione di ciò che è accaduto in quel primo istante è l'evento più importante che sia mai accaduto nell'intera storia dell'esistenza della vita eterna e della vita eterna del grande Universo.

Capitolo 3

L'ENERGIA CHE GUIDA

La massa magnetica dello spirito, dal momento in cui viene incorporata nel corpo fisico di un bambino, si adatta alle dimensioni del corpo fisico, che sarà la sua residenza fino al completamento dell'esistenza fisica. Lo spirito è la massa magnetica che conduce al corpo fisico. Come già detto, la massa magnetica dello spirito non fornisce al corpo fisico l'energia elettronica per muoverlo, poiché la massa magnetica dello spirito, oltre a essere neutra, non si disintegra e non contiene materia elettronica da muovere.

Mentre cerchiamo un nome più appropriato per il timbro energetico dello spirito, possiamo classificare questo conduttore del corpo fisico come un'energia. Quindi, l'energia dello spirito guida solo il corpo fisico, mentre l'energia elettronica che muove il corpo fisico proviene dal cibo che il corpo fisico consuma. In altre parole, il cibo è il carburante che muove il corpo fisico. Il corpo è costituito solo da materia elettronica.

La massa magnetica non può fondersi con la materia elettronica del corpo fisico, perché queste due energie sono già integrate: lo spirito è energia magnetica integrata nella forma di massa magnetica e il corpo è energia elettronica integrata nella forma di materia elettronica. L'associazione tra la massa magnetica dello spirito e la materia elettronica del corpo avverrà separatamente, e solo temporaneamente; cioè, senza potersi unire come un'unica identità per tutta la durata dell'associazione, della conduzione o, in termini generali, dell'esistenza fisica dell'essere vivente.

Sarà così, perché la massa magnetica dello spirito e la materia elettronica del corpo sono forme neutre, e quindi queste due forme non potranno fondersi in una sola. La massa magnetica dello spirito non ha né nucleo né elettroni; pertanto, la massa magnetica dello spirito non potrà combinarsi con altre energie elettroniche e altre masse magnetiche, cioè nello stesso modo in cui si combinano due o più tipi di materia elettronica, che sono spazialmente accomodati perché hanno nuclei ed elettroni. Pertanto, la massa magnetica dello spirito forma un timbro inerte che è più solido della materia elettronica, più stabile. La materia elettronica cambia nel tempo, mentre la massa magnetica dello spirito è eterna.

Essendo inerte o immutabile e consapevole di sé, la massa magnetica dello spirito può vivere in modo indipendente e può trovarsi ovunque nell'Universo; inoltre, essendo priva di energia e di peso, la massa magnetica non può essere influenzata da temperature estreme o dalla gravità.

Molte persone scherzano perché non mi credono quando dico loro che sono venuto dal Sole. Quando ero un bambino di 5 anni piangevo perché venivo dal Sole. Tra i singhiozzi di un bambino dicevo: ...e ora dovrò lavorare per vivere.... Naturalmente, nel Sole non abbiamo bisogno di consumare cibo, perché nel Sole non abbiamo corpi fisici per muoverli. Quando ero bambino correvo dietro agli spiriti per raggiungerli, quello che volevo da loro era che mi insegnassero a volare, perché gli spiriti non camminano come un essere umano, si muovono come se volassero all'altezza della strada. Poi ho imparato a uscire dal mio corpo e ho attraversato i muri come se non esistessero. Ma ho capito che in realtà siamo spiriti che vivono temporaneamente in un corpo fisico.

Lo spirito è l'energia che dà all'essere fisico un modo di essere e di agire, cioè il comportamento del corpo fisico e le sue prestazioni nel mondo fisico, che dipendono solo dall'abilità o dalla capacità che ogni spirito ha acquisito nell'andare avanti e indietro dal mondo spirituale al mondo fisico. È un accumulo di apprendimento che si manifesta nelle capacità di uno spirito nel mondo fisico e di un essere vivente sulla Terra.

Così nascono i bambini prodigio e nasceranno i bambini che saranno geni in età adulta. I geni sono persone che nascono con la missione di portare un cambiamento nel modo di pensare della società che appartiene all'essere umano; mentre i prodigi padroneggiano una disciplina già esistente, per esempio la matematica e la musica.

Sulla Terra, quando la massa magnetica dello spirito si stacca dalla materia elettronica del suo corpo fisico, lo spirito avrà lo stesso schema e la stessa colorazione della forma energetica del suo corpo fisico. In questo modo, possiamo riconoscere a quale corpo fisico apparteneva lo spirito che è stato scollegato; cioè, possiamo sapere di chi era lo spirito per quelli di noi che si trovano temporaneamente nel mondo fisico.

Quindi, lo spirito non è un'energia che vaga senza meta nell'universo. Lo spirito ha fatto una copia esatta dell'impronta del suo corpo fisico con le sue qualità magnetiche; cioè, lo spirito conserva le caratteristiche della sua forma fisica, i suoi modi e il suo comportamento che sono ben definiti.

È per questo che lo spirito può essere riconosciuto dai suoi nipoti, se lo spirito del corpo fisico ha avuto figli quando era in un corpo fisico e i figli dello spirito hanno avuto figli in questa lunga traiettoria energetica.

Gli spiriti terrestri faranno parte del mondo degli spiriti sulla Terra; mentre gli spiriti che arrivano sulla Terra da altre galassie non potranno avere figli sulla Terra. Quindi, noi spiriti extra-terrestri non avremo nipoti, perché non apparteniamo al mondo terrestre. Non avrebbe senso lasciare una famiglia sulla Terra; per gli spiriti che non sono della Terra, dovremo tornare nel luogo dell'Universo a cui apparteniamo.

Per quanto riguarda l'Universo, nell'Universo tutto ciò che esiste è assoluto; infatti, come abbiamo detto, l'Universo si espande nel nulla. Cioè, al di fuori dell'Universo non ci sono forze energetiche; o nella parte esterna dell'Universo non c'è nulla che possa opporsi alla crescita dell'Universo. L'Universo si espande molto velocemente, perché la sua crescita è accelerata. Ciò significa che, a ogni istante che passa, la crescita dell'Universo non è lineare ma esponenziale; cioè, l'Universo cresce più velocemente man mano che produce più energia.

In termini relativi, se un essere umano dovesse osservare l'espansione dell'Universo, non se ne accorgerebbe, perché rispetto alle dimensioni dell'Universo, un essere umano è qualcosa di meno di un puntino e dovrebbe aspettare un'eternità per osservare l'Universo in espansione. Sarebbe un tempo molto lungo per un essere umano aspettare ciò che un istante significa per l'Universo. Potremmo dire che l'Universo sta diventando molto grande in relazione alla nostra osservazione di ciò che un istante è per l'Universo. Dopo aver letto questo paragrafo, l'Universo è diventato esponenzialmente più grande; tuttavia, non siamo consapevoli di questa crescita e sembra piuttosto che viviamo in un mondo statico.

Finché ci saranno più corpi in movimento, si produrrà più energia, che è la forza che spinge l'Universo verso il nulla; ma abbiamo già detto che all'esterno dell'Universo non c'è nulla che possa fermare il moto espansivo dell'Universo.

Il nulla è un vuoto assoluto, quindi l'Universo cresce nel vuoto in modo caotico. Gli eventi futuri dell'Universo non possono essere previsti, perché non sappiamo quale o come sarà la nuova configurazione dell'Universo nel tempo futuro. La prossima configurazione dell'Universo non sapremo come sarà, perché la forma dell'Universo futuro è imprevedibile. In altre parole, il tempo non può esistere nell'Universo; il tempo esiste solo sulla Terra come variabile matematica. Gli eventi del presente non hanno alcuna relazione con gli eventi del passato, e gli eventi del passato non avranno alcuna relazione con gli eventi che accadranno in futuro.

Solo sulla Terra il tempo rappresenta un'attività ciclica; cioè, gli stessi giorni e mesi passati si ripetono; perché in futuro i giorni e i mesi avranno lo stesso nome, anche se ciò che accadrà nei giorni e nei mesi a venire sarà diverso dagli eventi dei giorni e dei mesi passati. L'essere umano non vive nel presente, ma nell'attesa di ciò che accadrà in futuro. Tuttavia, gli eventi dell'Universo non si ripetono, perché la marcia dell'Universo è accelerata in avanti.

Anche la massa magnetica dello spirito non cambia nel tempo, perché lo spirito non contiene materia elettronica. In altre parole, la massa magnetica dello spirito non si disintegra con il passare del tempo, come accade alla materia elettronica dei corpi. Quindi, nel mondo degli spiriti non ha senso usare un calendario, perché nel mondo degli spiriti si vive in un momento eterno.

Sulla terra, la materia elettronica può assumere nuove forme con il passare del tempo; ma queste variazioni avvengono solo per la materia elettronica terrestre. Le mutazioni sono più probabili nelle piante che negli animali, perché le piante sono più vicine tra loro. Quindi, la brezza che sposta i semi cade sulle piante vicine. Le formiche e le api possono far mutare il corpo elettronico delle piante con maggiore frequenza nel tempo. Così, sulla Terra, c'è una maggiore varietà di piante rispetto agli animali. Questa mutazione del corpo elettronico è ancora in corso sulla Terra, ma non siamo consapevoli di questo sviluppo.

I virus, invece, si sono formati all'inizio dell'Universo dall'integrazione fisica della micro-materia elettronica con la micro-massa magnetica. Quindi, i corpi più piccoli che esistono sono virus; infatti, un virus è la transizione tra la vita e la non vita che forma la massa magnetica con la materia elettronica. Nell'ambiente terrestre i virus sono mutati in nuclei, mitocondri, ribosomi e altri organelli cellulari. Queste forme cellulari derivate dai virus si sono auto incapsulate e hanno formato le cellule composite che hanno dato origine alla maggior parte degli esseri viventi, che si auto-replicano attraverso la replicazione cellulare.

La massa magnetica dello spirito è la vera forma di vita; infatti, rispetto alla Terra, la massa magnetica dello spirito rimarrà viva anche dopo il processo di disconnessione tra la massa magnetica dello spirito e la materia elettronica del corpo fisico. Sulla Terra, c'è solo la separazione della massa magnetica dello spirito dalla materia elettronica del corpo. Una volta separata dal corpo, la massa magnetica dello spirito continuerà a vivere. La materia elettronica del corpo fisico, invece, continuerà il suo processo di cambiamento sulla Terra, perché è alla Terra che appartiene la materia elettronica del corpo fisico.

Al momento della separazione, lo spirito non può portare con sé alcuna materia elettronica, perché la materia elettronica di chiunque ha un peso, mentre la massa magnetica dello spirito non contiene materia elettronica, quindi non ha peso. Lo spirito è costituito solo da massa magnetica che, come detto, forma un timbro energetico che ha la stessa forma del corpo fisico. Lo spirito è una copia magnetica che si staglia come un alone luminoso che avvolge il corpo fisico. Al momento della disconnessione, questo alone di luce si separa; è libero, perché è disconnesso dal suo corpo fisico.

Ma non tutti saranno in grado di vedere questo alone di luce, perché questa luce è costituita da massa magnetica. Questa forma di luce che avvolge il corpo fisico è nitida e luminosa, ma è diversa dalla luce che forma l'energia elettronica. La luce elettronica si vede, perché il fascio di fotoni si scontra e rimbalza su oggetti ruvidi. La luce degli spiriti, invece, è coesiva; la luce degli spiriti ha una consistenza opaca; quindi, la luce degli spiriti non si disintegra, non si disperde e non rimbalza.

Per gli spiriti, la materia elettronica è come se non esistesse, perché l'energia magnetica degli spiriti passa attraverso gli oggetti fisici senza essere trattenuta. Quindi, questa luce spiritica non si scontra con gli oggetti fisici, ma la luce elettronica si scontra e rimbalza sull'immagine olografica degli spiriti, ed è per questo che alcuni esseri umani possono vedere la luce di rimbalzo, che ci dà un'immagine esatta dell'immagine olografica di uno spirito sullo schermo del cervello.

L'energia dello spirito porta solo al corpo fisico. Un esempio per capire questa differenza può essere un'automobile. Il conducente dell'auto è lo spirito dell'auto, mentre la benzina è ciò che fornisce l'energia elettronica per far avanzare l'auto.

Lo spirito ha una memoria magnetica, che gli conferisce un'identità e un modo di essere individuali: questa è la sua qualità. Ma uno spirito, quando fa parte di un corpo fisico, non ricorda com'è il suo mondo spirituale, può ricordarlo sporadicamente solo da bambino.

Lo spirito non ricorda com'è il suo mondo spirituale, perché viene incorporato nel corpo fisico a 5 mesi nel grembo materno. Il suo piccolo corpo non ha memoria elettronica, la memoria elettronica del corpo del bambino è azzerata, perché il bambino deriva da due aploidi e gli aploidi non hanno memoria. Quando la memoria fisica si forma nell'ippocampo, lo spirito incorporato nel corpo fisico immagazzina nella sua memoria fisica le esperienze di questa opportunità di esistenza nel mondo fisico. La memoria fisica si consolida quando l'ippocampo si completa, all'età di cinque anni; pertanto, dopo i cinque anni, lo spirito del bambino non ricorderà com'è il suo mondo spirituale. Lo spirito del bambino potrà immagazzinare nella sua memoria fisica solo i ricordi fisici di questa vita fisica.

La memoria è magnetica, quindi non ha peso, e al momento della disconnessione lo spirito porterà i ricordi di questa vita nella sua memoria magnetica nel suo mondo spirituale. La memoria magnetica è ciò che permette allo spirito di evolversi e di differenziarsi dagli altri spiriti. La memoria magnetica dello spirito è ciò che dà allo spirito la forma dell'essere e la colorazione energetica del modo in cui si comporta e modella il suo abbigliamento energetico.

Il comportamento dello spirito è lo stesso per tutti gli esseri viventi; per esempio, sia gli animali che gli uomini hanno sentimenti. Si può osservare che il comportamento di ogni animale domestico è diverso, anche se appartiene alla stessa razza.

La massa magnetica dello spirito può evolversi solo attraverso la conoscenza che lo spirito acquisisce; ogni esperienza viene immagazzinata dallo spirito nella sua memoria magnetica. È l'evoluzione della conoscenza che pone ogni spirito su una scala superiore. La conoscenza è individuale, è il qualia dello spirito, cioè ciò che lo spirito impara non sarà trasmesso ad altri spiriti nello stesso modo. Man mano che insegna ciò che impara, lo spirito si evolve verso un punto più alto nella sua infinita scala di conoscenza.

Capitolo 4

L'UNIVERSO NON È STATO CREATO

Per quanto riguarda la durata dell'Universo, essa sarà eterna, perché l'Universo non è stato creato da qualcuno, ma continua e continuerà a crearsi finché ci sarà il movimento dei corpi celesti nell'Universo. Pertanto, l'Universo non avrà una dimensione finale in un punto finale, perché i corpi celesti non smetteranno di muoversi. Dall'istante inaugurale, l'Universo non si fermerà, perché l'Universo genera da sé l'energia che lo mantiene in movimento; e l'integrazione dell'energia elettronica creerà nuovi corpi celesti che manterranno l'Universo in movimento. L'esistenza dell'Universo continuerà in eterno; e continuerà in questo modo finché ci sarà movimento. Ma l'Universo non può rimanere immobile finché esiste la generazione di energia. È impossibile che l'Universo muoia o cessi di crescere, perché l'Universo sta implodendo in mezzo al nulla. Il nulla è assoluto e l'Universo è creato, allo stesso modo; quindi, nel nulla non c'è nulla che possa fermare la crescita accelerata dell'Universo.

L'Universo cresce in modo caotico, perché, come detto, uno stato iniziale è diverso da quello successivo, come dedotto dal polimatico francese Jules Henri Poincaré. Poincaré era cieco; ma, essendo miope, questo difetto visivo permise a Henri Poincaré di sviluppare la sua capacità immaginativa; infatti, Poincaré chiudeva gli occhi per immaginare ciò che diceva il suo insegnante delle scuole elementari. Il bambino Poincaré non riusciva a distinguere ciò che l'insegnante scriveva sulla lavagna; pertanto, il bambino Poincaré chiudeva gli occhi per immaginare.

In matematica, è un modo per collegare due o più eventi accaduti nel passato. Questi eventi possono essere immaginati solo nel passato o nel futuro. Per esempio, possiamo sapere cosa è successo tra due punti collocando gli eventi in modo matematico; e attraverso la logica analitica che l'immaginazione ci fornisce, capiremo in che modo tali eventi potrebbero essere accaduti. L'unico modo per conservare questa memoria in forma fisica è registrarla in libri fisici; perché la memoria fisica di un essere umano pensante si perde nel momento in cui lo spirito si stacca dal corpo fisico.

L'immaginazione fa parte della capacità evolutiva dell'essere umano; infatti, non si può dire che gli animali abbiano immaginazione; ovviamente, gli animali esprimono istinti e sentimenti.

La memoria fisica è ospitata nell'ippocampo. È quella che permette all'essere umano di avere la qualità di proiettarsi nel tempo e di localizzarsi nello spazio. In questo momento, la capacità di immaginazione ci permette di tornare indietro di 13,8 miliardi di anni, di poter immaginare come si sono svolti gli eventi in quel punto zero o l'istante inaugurale da cui o come si è formato l'Universo. Ma lo scopo di questa ricerca è dimostrare che tutti gli esseri viventi sono fratelli e sorelle, perché tutti nasciamo dall'energia che emana dall'Universo.

Forse l'errore è che la maggior parte degli scienziati pensa che, se un evento non può essere spiegato in qualche modo da una funzione matematica, allora assume che l'evento fisico non esiste, anche se l'evento è reale.

È il caso di Albert Einstein, che non si rese conto che la massa dello spirito è un'entità reale; infatti Albert Einstein concluse che la massa sarebbe stata immaginaria nel caso di una particella che si muove più velocemente della luce. Ma Albert Einstein non capì che in realtà era uno spirito che viveva in un corpo fisico, che i suoi genitori chiamarono Albert. La verità è che non conosciamo il nome dello spirito che guidava il corpo di Albert Einstein sulla Terra.

Ciò che Albert Einstein e Mileva Marić intendevano con la variante 'm' nell'equazione $E=mC^2$ è che 'm' è la materia elettronica invece della massa magnetica, che è diversa. La massa magnetica si riferisce al timbro dello spirito. Tuttavia, ai tempi di Albert Einstein, e ancora oggi, il comportamento fisico delle particelle elementari non è conosciuto in dettaglio, perché non le vediamo.

La logica, e poi l'esperienza di lasciare il corpo, ci dice che come spiriti possiamo muoverci con una velocità superiore a quella della luce. Solo che non tutti possono lasciare il corpo per provarlo, perché anche in questo caso gli scienziati pensano che l'essere umano sia costituito solo da materia elettronica che funziona senza bisogno dell'energia magnetica dello spirito. Ma la massa magnetica dello spirito è la vera energia che guida la forma vivente del corpo elettronico. È l'energia che guida e dirige la materia elettronica di qualsiasi corpo fisico: sia esso un insetto, una mucca, un gatto, un maiale, un uccello, un pesce, un essere umano, eccetera, cioè la massa magnetica è l'energia che guida il corpo elettronico di qualsiasi essere vivente.

L'unico modo per risolvere gli eventi sarebbe assumere che l'Universo sia statico. Ma un Universo statico è impossibile che esista. L'idea di un Universo immobile è stata realizzata nel tempo da Albert Einstein quando ha cercato di calcolare la costante cosmologica di un Universo statico. Albert Einstein rinunciò alla proposta di una costante cosmologica quando Edwin Powell Hubble, nel 1929, riuscì a dimostrare che l'Universo è in espansione. Si deduce che l'idea di un Universo in espansione sia stata proposta nel 1927 dalla capacità immaginativa del sacerdote belga Georges Lemaître, che è anche l'ideatore della teoria del Big Bang.

Così, possiamo vedere solo ciò che sta accadendo nel presente in modo reale, che rappresenta un momento eterno.

L'idrogeno è la prima materia elettronica formata dall'integrazione della materia positiva di un nucleo con la materia negativa di un elettrone. L'idrogeno può combinarsi con il carbonio per produrre un numero infinito di combinazioni e dare origine a un'enormità di sostanze organiche. Il gas elio, invece, è inerte, quindi non si combina con altre sostanze. Per questo motivo, il gas elio rappresenta un altro dei gas più abbondanti nell'Universo.

Possiamo immaginare che all'inizio, quando l'Universo ha iniziato a formarsi, ad ogni livello energetico, le due energie fossero formate dal movimento di 4 almatrino (in realtà 5 almatrino). Il flusso di energia di questi almatrino si è formato in una sequenza alternata. Il movimento alternato può essere spiegato da due probabilità: ci saranno 2 fermioni per 1 evento. Cioè, i 4 almatrino si sono formati in modo alternato (+ e -). Al livello energetico 1 avremo: +½, -½, + ½, -½. In altre parole, al livello 1 ci saranno 2 almatrino positivi (+½) e 2 almatrino negativi (-½).

I 2 almatrino positivi si sono integrati e si è formato il primo nucleo di elettroni positivi.

I 2 almatrino negativi si sono integrati e si è formato il primo elettrone negativo.

Un nucleo di elettroni positivi si è integrato spazialmente con un elettrone negativo per formare un atomo di idrogeno, che rappresenta la più semplice unità di materia elettronica.

L'almatrino 5 nel livello energetico 1 è quello che si collega a un altro almatrino nel livello energetico 2.

I 2 nuclei positivi hanno generato le 2 energie magnetiche positive. Queste due energie magnetiche positive si sono integrate spontaneamente e si è formata la prima massa magnetica positiva infinitesimale.

Le 2 energie negative degli elettroni hanno generato le 2 energie magnetiche negative. Queste 2 energie magnetiche negative si sono integrate spontaneamente e si è formata la prima massa magnetica negativa infinitesimale.

La massa magnetica positiva infinitesimale si è integrata con la massa magnetica negativa infinitesimale e si è formato il primo corpo infinitesimale di virus. I virus sono corpi infinitesimali o molto piccoli; pertanto, i virus possono diffondersi nello spazio man mano che questo si ingrandisce.

In questo modo, i livelli energetici si sono formati in una scala infinita di livelli contigui. A questo punto della vita terrena, viviamo sul piano fisico come parte di un corpo fisico.

Diciamo che, a partire dalle piante, si realizza un'ascesa di conoscenza fino a culminare nell'istinto e nella comprensione; ma è l'essere umano ad essere all'avanguardia in questo processo evolutivo degli esseri viventi. Tuttavia, il processo fondamentale o necessario per l'esistenza dell'essere vivente è lo stesso per le piante, gli animali e gli esseri umani per quanto riguarda la nascita e la disincarnazione del corpo fisico. L'essere umano è quindi una scala di apprendimento per acquisire la conoscenza; e l'essere umano è quello in cima e deve acquisire maggiore consapevolezza per evolversi come essere spirituale che guida invece di confondere e uccidere gli altri esseri viventi, perché non sa che gli altri esseri viventi sono suoi fratelli e sorelle.

All'inizio, un almatrino doveva ruotare su se stesso ad alta velocità e l'alta velocità di rotazione produceva una grande quantità di energia; ma la velocità di rotazione non raggiungeva un valore infinito, perché ad un valore della velocità di rotazione l'energia si condensava sotto forma di materia elettronica.

Se l'alta energia prodotta dall'alta velocità di rotazione non si fosse condensata sotto forma di materia elettronica, gli almatrini starebbero ancora ruotando verso un valore infinito. La materia elettronica non sarebbe stata prodotta. Quindi, non saremmo qui a raccontare questa storia e l'Universo sarebbe come una roccia o un plasma energetico.

La velocità di rotazione dell'almatrino diventava sempre più grande, perché la sfera ellittica del percorso dell'almatrino aumentava man mano che lo spazio veniva creato dall'espansione dell'Universo contro il nulla. A quel punto le dimensioni dell'Universo erano infinitesimali. Ma si raggiunse un limite in cui il flusso di energia elettronica prodotto dall'alta velocità di rotazione dell'almatrino divenne materia elettronica. Oggi, questa alta velocità di rotazione si produce nei buchi neri. In realtà, non si tratta né di buchi né di buchi neri, ma di gigantesche sfere di accrescimento.

La velocità limite per l'integrazione è prevista dall'equazione $Ev=m_0C^3$.

Il 50% dell'energia prodotta nell'Universo si condensa e forma il 4% della materia elettronica dell'Universo. Un esempio è la grande quantità di energia generata ma immagazzinata in una piccola quantità di materia elettronica in una bomba atomica.

Lo spirito non ha genere, ma esistono spiriti maschili e femminili. Il genere maschile è prodotto dall'integrazione delle due energie magnetiche positive; l'integrazione delle due energie magnetiche negative produce il genere femminile. In altre parole: Le 2 energie magnetiche positive o che fluiscono verso l'alto generano un'energia magnetica positiva che ruota da destra a sinistra; queste 2 energie positive si integrano e formano la massa magnetica positiva di un essere maschile. Le 2 energie magnetiche negative o che scorrono verso il basso generano un'energia magnetica negativa che ruota da sinistra a destra; queste 2 energie negative si integrano e formano la massa magnetica negativa di un essere femminile.

Sulla Terra, l'energia elettronica positiva forma la materia elettronica del corpo maschile, mentre la materia elettronica negativa forma la materia elettronica del corpo femminile.

Nel grembo materno, lo spirito maschile può essere incorporato nel corpo maschile e nasce un bambino. E si formerà un uomo.

Oppure nel grembo materno si può formare un corpo femminile e incorporare lo spirito femminile di un bambino, e si formerà una donna.

Una donna può combinarsi con un uomo e si formerà un maschio o una femmina, in un ciclo infinito ma che è lo stesso per tutti gli esseri viventi sulla terra, siano essi piante, ovipari o mammiferi. L'essere maschile comprende l'uomo, gli animali e gli insetti maschi, tra cui galli, tori, leoni, tigri, gatti, ecc. L'essere femmina comprende la donna, gli animali e gli insetti femmina, quelli ovipari che si riproducono con l'incubazione delle uova, come gli uccelli femmina, tra cui galline, mucche, leonesse, tigri, gatti, ecc.

Con questa spiegazione di come si sono formati l'uomo e la donna, si conclude la storia mistica o filosofica di Adamo ed Eva; o che Eva si è formata da una costola di Adamo.

L'energia che motiva questa integrazione nella vita fisica è la forza dell'empatia che provoca l'infatuazione ed è definita amore. Questa energia coesiva che chiamiamo amore è la forza invisibile di cui Albert Einstein non riuscì a spiegare l'origine; pertanto, Albert Einstein la attribuì a un essere invisibile.

L'origine di questa energia, che è ampiamente definita come amore, è dovuta all'empatia che causa la chiralità.

La chiralità è formata da immagini speculari; infatti, tutta la materia esistente nell'Universo ha una parte sinistrorsa e una destrorsa. È questo che produce una figura tridimensionale in forma volumetrica. Ad esempio, se non esistesse la chiralità, non esisterebbero le proteine.

Tutti gli amminoacidi che compongono le proteine sono mancini; tuttavia, non esistono proteine che abbiano una sequenza di amminoacidi mancini e destrorsi. Tutti gli zuccheri che compongono il DNA sono destrorsi; lo zucchero che forma la catena laterale del DNA si chiama ribosio. Il ribosio è destrorotatorio, cioè il ribosio fa girare un raggio di luce polarizzata verso destra. Il lato destro è relativo, perché se qualcuno osserva lo spin dall'altro lato del prisma, vedrà che il ribosio è mancino o levogiri. Dobbiamo quindi definire da quale lato stiamo osservando la torsione, per evitare un problema di ragionamento.

Gli aminoacidi che formano le catene proteiche sono tutti mancini; in questo modo gli aminoacidi si fronteggiano e si possono formare i legami a idrogeno che formano una proteina con una configurazione tridimensionale. Se la sequenza degli amminoacidi nella catena proteica fosse sinistra-destra-sinistra-destra, i legami a idrogeno non potrebbero formarsi, perché gli amminoacidi sono spazialmente opposti tra loro. Se gli amminoacidi fossero in questo modo alternato, le proteine formerebbero una catena rettilinea; quindi, le proteine non avrebbero una forma tridimensionale e il nostro corpo sarebbe allungato come una linea retta. Se le proteine fossero una miscela di un amminoacido mancino seguito da uno destrorso, i corpi non si sarebbero formati, perché non ci sarebbero né proteine né DNA; oppure il Sole e i pianeti non sarebbero sferici ma piatti come dischi. Se non esistesse la chiralità, non esisterebbe né la vita fisica né quella spirituale, perché gli spiriti sono ugualmente chirali.

Ciò che lega le due catene laterali del DNA sono i ponti di idrogeno che si formano tra le 4 basi adenina, guanina, timina, citochina e uracile. La chiralità può essere vista solo mettendo la forma fisica davanti a uno specchio per osservare l'immagine speculare invertita.

La Terra è un globo che ha un polo sud e un polo nord; il centro è l'equatore dove deve esserci una linea ambidestra che divide i lati destro e sinistro della Terra.

Il volto ha un lato sinistro e uno destro; l'orecchio sinistro non può essere usato sul lato destro. Né possiamo usare una scarpa sinistra sul piede destro. Le mani sono ugualmente chirali, abbiamo una mano sinistra e una mano destra. Se guardiamo una molecola di colesterolo davanti a uno specchio, vedremo 256 forme diverse di colesterolo; e a ogni forma di vita corrisponde una forma di colesterolo, perché dal colesterolo derivano gli ormoni sessuali e i sali biliari. Quindi, se mangiamo la carne di un animale fratello, ingeriamo un colesterolo che non ci serve; ma questo colesterolo animale ha una forma simile al nostro colesterolo; quindi non saremo in grado di eliminarlo dall'organismo; pertanto, questo colesterolo estraneo si accumulerà nelle nostre arterie e il risultato potrebbe essere un infarto.

Come possiamo vedere, nella storia della scienza, la chiralità è diventata la risposta a diverse domande che a prima vista sembrano logiche senza ricorrere alla ragione.

La chiralità nei composti chimici fu osservata dal fisico francese Jean-Baptiste Biot. Jean-Baptiste Biot notò che alcuni composti organici ruotavano il piano di polarizzazione di un raggio di luce incidente verso sinistra o verso destra, mentre altri composti non lo facevano. Solo il chimico francese Louis Pasteur osservò la chiralità studiando la distorsione dell'attività ottica causata dai sali dell'acido tartarico. L'acido tartarico è la sostanza che si arrampica sulle botti dove viene conservato il mosto d'uva per produrre il vino.

Louis Pasteur fu in grado di separare le due forme di cristalli di tartrato monosodico utilizzando una pinzetta e una lente d'ingrandimento e riuscì a dimostrare con la polarizzazione che metà dei cristalli erano mancini e metà destrorsi, in modo che la miscela dei due cristalli non deviasse la luce polarizzata. Questa miscela fu chiamata miscela racemica, alludendo a un grappolo d'uva.

Tuttavia, anche la spiegazione del fenomeno della chiralità era piena di controversie, poiché i più rinomati chimici tedeschi dell'epoca, come Hermann Kolbe, non credevano che le molecole dei composti organici si disponessero spazialmente e generassero un'immagine speculare invertita.

Adolph Wilhelm Hermann Kolbe Naphtali era il direttore di una rivista scientifica tedesca. Ma in questa storia scientifica, dobbiamo la spiegazione del fenomeno spaziale delle molecole chirali al chimico olandese Jacobus Henricus van 't Hoff, al quale, in una lettera, Hermann Kolbe definì stupida l'idea di Jacobus Henricus van 't Hoff. In seguito, la scienza sperimentale dimostrò che van 't Hoff aveva ragione, quando fu preparato con successo il derivato di un composto enolico.

Sebbene Pasteur sia stato il primo a dimostrare la chiralità, non riuscì a spiegare il fenomeno della chiralità. La spiegazione della chiralità è considerata una delle scoperte più importanti della chimica organica.

Nella scienza, per spiegare i fenomeni sono necessarie conoscenza e immaginazione. Nella religione, invece, la spiegazione si basa su un'idea filosofica senza alcun tipo di ragionamento, che viene accettata senza obiezioni anche se la spiegazione non è logica. La vita è piena di conflitti, come nel caso della chiralità, perché la vita è una miscela di fenomeni fisici e spirituali.

Così, fu la chiralità spiegata dal chimico olandese Jacobus Henricus van 't Hoff a far arrabbiare il chimico tedesco Hermann Kolbe. Hermann Kolbe pubblicò quanto segue nell'editoriale del German Journal für Praktische:

"...in un articolo pubblicato di recente con lo stesso titolo, ho sottolineato che una delle cause dell'attuale declino della ricerca chimica in Germania è la mancanza di conoscenze generali e allo stesso tempo di fondamenti chimici. È con questa mancanza che lavora un numero non trascurabile di nostri insegnanti di chimica, che però arrecano gravi danni alla scienza. Una conseguenza di ciò è la diffusione di una filosofia naturale apparentemente accademica e colta, che in realtà è banale e stupida e che è stata soppiantata esattamente cinquant'anni fa dalle scienze naturali esatte. Ora, però, sembra di nuovo uscire dai porti del rifugio degli errori della mente umana guidato da pseudo-scienziati, che vogliono introdurla di nascosto come una prostituta vestita all'ultima moda e appena truccata nella buona società a cui non appartiene. Chiunque pensi che questo sia esagerato può leggere (se ne ha la possibilità) il libro del signor Van't Hoff su "La disposizione degli atomi nello spazio", apparso di recente e che ci inonda di fantastiche follie. Ignorerei questo libro come molti altri, se non fosse che un chimico di notevole reputazione lo ha preso sotto la sua protezione e lo raccomanda con un eccellente complimento. Un medico, di nome J. H. Van't Hoff, della Facoltà di Veterinaria di Utrecht, non sembra amare la ricerca chimica esatta; per questo motivo ha trovato più conveniente cavalcare un Pegaso (apparentemente preso in prestito dalla Facoltà di Veterinaria) e proclamare nel suo libro "La Chimie Dans L'espace" come gli sembra che gli atomi siano disposti nello spazio, mentre ciò che fa con esso è raggiungere il monte Parnaso della chimica in un'impavida elevazione di idee stupide".

Ma, concludiamo, la nostra ricerca non è stata facile, e il risultato non è stato vano; perché l'idea di come si è formato l'Universo sarà impressa nei libri di scienza, grazie alla persistente ricerca dei lettori. Per esempio, se non esistesse la chiralità, la forma fisica non sarebbe possibile, anche se è proprio la chiralità a generare conflitti psicologici. Perché se una persona vede che una particella o una persona qualsiasi sta girando da sinistra a destra, un'altra persona dall'altra parte vedrà che lo spin della particella è da destra a sinistra; quindi, a causa della chiralità non sapremo veramente da che parte stanno girando le particelle dell'Universo.

Capitolo 5

CELEBRIAMO LA NASCITA DELL'UNIVERSO

La distanza, la materia e l'energia elettronica sono quantità reali, perché possiamo misurarle e pesarle. Queste dimensioni cambiano nel tempo, cioè sono quantità variabili. La relazione tra queste grandezze può essere stimata attraverso calcoli matematici. Ad esempio, il rapporto tra tempo e distanza ci darà la velocità con cui ci muoviamo nello spazio. Quindi, la velocità è un risultato reale, ma non è una quantità tangibile.

La massa magnetica e la materia elettronica sono ugualmente reali, perché la massa magnetica e la materia elettronica sono energie integrate. La materia elettronica può essere pesata e cambia con il tempo; ma la massa magnetica non può essere pesata perché la massa magnetica non contiene materia elettronica; quindi, la massa magnetica non cambia con il tempo. Inoltre, uno spirito è un timbro energetico che, non contenendo materia elettronica, non interagisce con la materia elettronica e può muoversi più velocemente di un raggio di luce.

Nell'Universo solo due tipi di energie sono prodotte dal movimento: l'energia elettronica e l'energia magnetica.

La forza che integra l'energia elettronica per formare la materia elettronica avviene in modo spontaneo e, come abbiamo detto, può essere spiegata dalla probabilità dei bosoni e dei fermioni. La forza che integra l'energia elettronica per formare la materia elettronica è la probabilità di un bosone che chiamiamo gluone.

Quindi, abbiamo dovuto definire la forza che integra l'energia magnetica per formare la massa magnetica come un bosone, che chiamiamo urdir. Urdir deriva dalla parola che indica i fili che si intrecciano per formare un tessuto. In questo caso, un ordito è la probabilità di un bosone che integra l'energia magnetica.

Ma l'energia dell'Universo si è formata grazie all'alta velocità di rotazione di una quantità minima di energia, cioè quella che possiamo definire una quantità infinitesimale di energia elettronica. Grazie a questo movimento, nell'Universo si producono solo questi due tipi di energia. Allo stesso livello energetico, quando un'energia elettronica fluisce verso l'alto, l'energia elettronica successiva da formare deve fluire verso il basso.

Questa analisi e la sua conclusione rappresentano il fatto più importante del pensiero universale e della storia della scienza per l'umanità. Sapendo che la materia è prodotta dal movimento dell'energia quando questa ruota con grande rapidità, questa proprietà dell'energia ci fa passare da una prospettiva religiosa a un ragionamento scientifico in tutta questa storia della scienza fisica e cosmologica, nel rispetto di qualsiasi dottrina religiosa.

L'idea che la massa nasca dal movimento dell'energia può essere visualizzata in modo matematico con un'equazione molto semplice e la regola della mano destra. Ma, forse, la spiegazione del fenomeno richiede alcune deduzioni dal punto di vista della logica e dell'immaginazione. Cioè, non possiamo attribuire tutto al fenomeno fisico solo utilizzando un'espressione matematica, poiché abbiamo bisogno dell'immaginazione per visualizzare attraverso la logica come è avvenuto il fenomeno reale, cioè in modo fisico.

La logica ci dice che, all'inizio, c'era solo un almatrino con la quantità minima di energia che possiamo immaginare; e questa quantità minima di energia ha iniziato a muoversi nel mezzo del nulla. In quell'istante inaugurale, l'Universo cominciò a formarsi dal nulla. Infatti, le dimensioni del nulla erano le stesse dell'almatrino; e le dimensioni del nulla stanno acquisendo le stesse dimensioni dell'Universo, che si sta espandendo in modo crescente; e il movimento dell'almatrino è ciò che ha iniziato a generare tutta l'energia che finora esiste nell'Universo. Questa energia non cesserà di essere prodotta finché ci sarà movimento.

Non possiamo immaginare che un almatrino sia stato creato da qualcuno, perché un almatrino non ha dimensioni fisiche misurabili. Cioè, una persona molto grande non ci permetterebbe di immaginare o concludere le cause che hanno spinto quel qualcuno a creare qualcosa di infinitamente piccolo e senza dimensioni fisiche come un almatrino. Se è stato qualcuno a creare l'Universo, questo qualcuno deve essere esistito e deve essere ancora nel nulla, ma nel nulla non esiste nulla.

Un almatrino rappresenta, dal punto di vista fisico, il nulla assoluto. Un almatrino è solo la quantità minima di energia che si è formata nel nulla; e l'energia sarà sempre in movimento perché questa è la definizione di energia, cioè qualcosa che si muove. Lo deduciamo così, perché l'Universo è un sistema energetico.

La quantità minima di energia nel mondo fisico è un quanto di energia che è stato definito dal fisico tedesco Max Karl Ernst Ludwig Planck, per mettere in relazione matematica tutte le variabili coinvolte in un fenomeno energetico.

Tuttavia, la spiegazione del momento inaugurale non implica che l'energia sia quantizzata, ma che i livelli di energia possono essere spiegati da due probabilità per un evento. Cioè -1/2 +1/2. +1/2 rappresenta i fermioni che hanno energia che scorre verso l'alto; mentre -1/2 rappresenta i fermioni la cui energia scorre verso il basso. Non si tratta di quantità di energia quantistica, ma di probabilità. Ma ogni sistema, per quanto piccolo, deve avere una quantità minima di energia associata.

Lo spin di una particella intorno a se stessa fu postulato dal fisico teorico tedesco Ralph Kronig, ma Wolfgang Pauli definì la proposta di Ralph Kronig ridicola, poiché violava la teoria della relatività di Albert Einstein. Pertanto, Ralph Kronig ritrattò la sua proposta di fronte al prestigio scientifico di Albert Einstein e Wolfgang Pauli.

In seguito, Wolfgang Pauli riconobbe che Ralph Kronig aveva ragione, ma che se avesse diviso i valori per 2, l'energia non sarebbe stata quantizzata.

Pertanto, l'energia non è quantizzata, ma il valore dell'energia è una probabilità.

Wolfgang Pauli utilizzò l'osservazione di Ralph Kronig per affermare un postulato: non possono esistere due elettroni con tutti i numeri quantici uguali. È il cosiddetto principio di esclusione di Pauli. Ma abbiamo già visto che due almatrino con numeri quantici uguali nello stesso livello energetico si integrano spontaneamente. Il principio di esclusione di Wolfgang Pauli non ha alcun significato fisico, perché è una probabilità, e non possiamo dare a una probabilità il nome di uno scienziato. Pertanto, è necessario riscrivere la scienza.

L'Universo ha solo tre dimensioni, quindi non esiste una quarta o una quinta dimensione, né lo spazio-tempo, perché queste grandezze non hanno senso fisico, anche se possono avere un senso matematico. Possiamo estrapolare matematicamente queste ipotesi, ma cadremo in un'ambiguità fittizia. Per esempio, matematicamente possiamo riferirci all'ennesima dimensione o a un valore 'n'; ma una dimensione 'n' non ha senso fisico, perché l'Universo ha solo 3 dimensioni. Un numero maggiore di dimensioni dell'Universo si presta a confusione e porta alla fantasia speculativa.

Lo stesso vale per la nozione di universi multipli, o che dietro questo Universo ci siano altri universi. Esiste un solo nulla e all'inizio gli almatrino che ruotano nella stessa direzione si sono integrati. In questo modo non si poteva formare un numero infinito di universi.

Albert Einstein commise un errore matematico quando cambiò il concetto di numero complesso con un termine immaginario; e Albert Einstein concluse matematicamente che la massa iniziale m_0 dell'Universo era immaginaria, il che dimostra che la teoria della relatività non può essere usata per spiegare qualcosa di reale.

Nella scienza è spesso meglio ricorrere all'immaginazione che alle proiezioni matematiche.

Pertanto, l'equazione di Albert Einstein e Mileva Marić non può essere scritta in forma differenziale, poiché non sappiamo a cosa si riferisca 'm' in questa equazione. Per Albert Einstein e Mileva Marić la massa iniziale m_0 dell'Universo è immaginaria. Ma sappiamo già che 'm' nell'equazione di Albert Einstein e Mileva Marić non è la massa iniziale dell'Universo, ma che 'm' è la quantità iniziale di materia elettronica nell'Universo.

La costante di proporzionalità non è la somma della materia elettronica come nel caso dell'equazione della materia elettronica totale di Isaac Newton. C è quella che Albert Einstein chiamava velocità della luce; ma possiamo dedurre che nell'istante iniziale non c'era luce, perché i fotoni non si erano ancora formati.

Come disse Pierre-Simon Laplace: La teoria di Dio non ci permette di fare proiezioni nel tempo.

Lo stesso vale per l'equazione di Albert Einstein e Mileva Marić; con questa equazione energetica non possiamo fare proiezioni nel tempo.

Una descrizione di questa ricerca tra scienza e religione è quella fatta da Napoleone Bonaparte, che non è uno scienziato ma un politico, ma forse Napoleone Bonaparte stava cercando un motivo tra gli scienziati per dimostrare l'esistenza di Dio. Pertanto, Napoleone Bonaparte dice a Pierre-Simon Laplace:

"... Mi hanno detto che avete scritto un grande libro sul sistema dell'Universo, ma senza menzionare il suo creatore".

E Laplace rispose:

"... Non ho mai avuto bisogno di questa ipotesi".

Napoleone commentò la risposta di Pierre-Simon Laplace al matematico di origine italiana Joseph-Louis Lagrange; ma forse per la sua origine italiana, la risposta di Lagrange a Bonaparte fu più accomodante:

"Ah, Dio, è una bella ipotesi che spiega molte cose".

Sembra che Napoleone Bonaparte avesse già un'argomentazione da scienziato sull'esistenza di Dio; così Napoleone Bonaparte commentò nuovamente a Pierre-Simon Laplace la risposta datagli da Joseph-Louis Lagrange, e Pierre-Simon Laplace rispose a Napoleone Bonaparte:

"...sebbene questa ipotesi possa spiegare tutto, non ci permette di prevedere nulla".

Ne deduciamo che l'Universo ha cominciato a formarsi dal nulla, solo grazie a un almatrino che ha cominciato a muoversi; ma l'almatrino aveva le stesse dimensioni infinitesimali del nulla; quindi, possiamo dire che il nulla infinitesimale ha cominciato a muoversi; e dal movimento del nulla si è creata tutta l'energia che esiste nell'Universo fino a oggi.

Grazie alla rotazione ad alta velocità, l'energia elettronica è diventata materia elettronica. Il flusso di energia elettronica ha creato energia magnetica; l'energia magnetica si è condensata in massa magnetica che ha formato il timbro magnetico degli spiriti.

Lo spazio fisico è stato creato per accogliere la materia elettronica e la massa magnetica che si stava formando; infatti, il confine del nulla è infinito e cresce con l'espansione dell'Universo, perché nel nulla non c'è nulla che si opponga alla crescita espansiva dell'Universo. È così che lo spazio si è formato e continuerà a formarsi verso una dimensione che va oltre il tempo e lo spazio infiniti.

Perché non saremo in grado di raggiungere un punto di arrivo, dal momento che l'Universo cresce e forma spazio per se stesso al centro del nulla assoluto. Cioè, l'Universo cresce ad un ritmo accelerato senza muoversi dal suo punto iniziale.

L'unico punto che non è in movimento nell'Universo è il centro dello spazio minimo in cui l'Universo ha iniziato a formarsi; ma questo spazio è più piccolo di un almatrino; quindi, siamo arrivati all'istante e al punto minimo o inaugurale in cui l'Universo ha iniziato a formarsi. Pertanto, tutte le misurazioni che facciamo non possono essere fatte in modo relativo, ma in modo assoluto a partire dal punto zero che si trova al centro dell'Universo.

Quindi, l'equazione che ha formato e sta ancora formando l'Universo è $Ev=m_0C^3$, perché questa equazione può essere scritta in forma integrata come: $\Delta Ev=\Delta mC^3$. $\Delta E=E_f-E_0$, $\Delta m=m_f-m_0$. Ciò significa che con questa equazione $Ev=m_0C^3$ saremo in grado di sapere quale quantità di energia E_f e quale quantità di materia m_f avremo in qualsiasi punto o in un punto finale; anche se il punto finale non sarà raggiunto dall'Universo.

Per quanto riguarda la vita fisica sulla Terra, possiamo dire che la materia elettronica del corpo senza la massa magnetica dello spirito è senza vita, o che la materia elettronica senza la massa magnetica non può funzionare. La materia elettronica del corpo rimarrà senza vita quando non avrà la massa magnetica dello spirito. Quando la massa magnetica si separa dalla materia elettronica del corpo fisico, la massa magnetica dello spirito rimane viva, cioè è consapevole della sua esistenza e dell'esistenza del suo creatore, che evidentemente è l'Universo.

Così gli spiriti, come l'Universo, saranno eterni. Gli spiriti, essendo coscienti o riconoscendosi, riconoscono l'esistenza dell'Universo; e non troveranno la possibilità di annientarsi o di riprodursi, perché gli spiriti non hanno sesso.

Non esiste nemmeno una quantità di calore rispetto alle condizioni iniziali dell'Universo, o una quantità di energia che possa annientare gli spiriti, perché l'Universo, crescendo energeticamente, diminuisce di temperatura.

L'Universo non tornerà nemmeno al suo punto iniziale, perché ci vuole più energia per riportarlo indietro; cioè, per riportare l'Universo indietro, ci vuole più energia di tutta l'energia che l'Universo ha prodotto per espandersi; quindi, l'Universo non potrà tornare al suo punto iniziale. L'Universo si sta muovendo verso un punto oltre l'infinito.

L'analisi dei nostri libri appartiene alla forma di pensiero umana; non sono più i miei libri, ma i tuoi libri come lettore; sono libri che appartengono alla memoria universale della scienza. Quindi, non potrò più ritrattare come fece Galileo Galilei.

Il modo in cui vengono redatti i libri è cambiato dai tempi degli egizi con il "Libro dei morti", dove gli scribi egiziani cambiarono il modo in cui incidevano il libro sulle lapidi dei faraoni. Una volta che il faraone non moriva in una data ovvia, agli scribi venne l'idea di scrivere le indicazioni contenute nel Libro dei Morti su un rotolo.

Con questa scrittura lo spirito del faraone veniva guidato, in modo che il faraone non si perdesse nel percorso dal mondo fisico a quello spirituale e di nuovo dal mondo spirituale a quello fisico. L'idea era che, al ritorno, il faraone sarebbe stato di nuovo lo stesso faraone; perciò il faraone fu posto nel sarcofago con i suoi effetti personali. Ma il faraone non è mai tornato per rimanere il faraone; e le piramidi egizie sono rimaste a testimoniare la storia di ritorni e ritorni del faraone. Il faraone non può tornare per rimanere un faraone, perché lo spirito del faraone non si evolverebbe rimanendo sempre un faraone.

Si racconta che Isaac Newton abbia apportato delle correzioni al testo originale del suo libro "Principia Mathematica".

Ma l'editoria continua a progredire, a partire da Galileo Galilei con il suo libro "Dialogo sulle due nuove scienze".

Oggi l'edizione dei libri è elettronica, quindi sarà impossibile ritrattarla, perché se qualcuno ha acquistato un libro in formato elettronico, non potremo modificarlo.

Come autore, io rappresento solo la continuità del pensiero umano, per cercare di spiegare in modo scientifico come sono avvenuti gli eventi che hanno dato origine alla nascita del grande Universo. Mentre voi, come lettori, rappresentate la continuità del pensiero logicamente immaginato. Tuttavia, nessuna religione è stata in grado di spiegare l'origine dell'Universo; pertanto, la spiegazione dell'origine dell'Universo da parte della religione sarà sempre basata sul mistico come conseguenza del pensiero filosofico.

L'unico uomo religioso che ha cercato di spiegare l'origine dell'Universo è stato il fisico, matematico e astronomo belga, il reverendo Georges Henry Joseph Édouard Lemaître. George Lemaître fu in grado di formulare solo la teoria del Big Bang, che però non ci fornisce prove sull'origine dell'Universo; infatti, la teoria del Big Bang non spiega da dove provenga l'energia che ha riscaldato il punto di partenza, né come si sia formata una densità infinita di tutta la materia che contiene l'Universo.

Quindi, la scienza e la religione hanno già abbastanza argomenti per stabilire un parlamento definitivo; e dove ogni gruppo può far valere le proprie ragioni per il giusto percorso da seguire per la razza umana.

Non potremo nemmeno accontentare Francis Bacon per dimostrare sperimentalmente l'esistenza di un almatrino; perché, a questi livelli iniziali, non esistono dimensioni fisiche. Un almatrino è la quantità minima di energia che ha collegato il nulla con quello che oggi è il grande Universo; e come detto, l'Universo è un sistema energetico.

La formazione dell'Universo è l'evento più meraviglioso che sia accaduto nella storia del nulla, se possiamo assegnare un momento di storia al nulla. Quindi, dovremmo piuttosto commemorare un giorno all'anno il momento inaugurale dell'Universo con grande gioia cosmica, perché i buchi neri, le galassie, le stelle, i soli, le pietre, l'arenaria, la nebbia, la foresta, i ceppi, i virus, le cellule, gli uccelli, i nidi, i pesci, l'acqua, l'ossigeno, l'aria, le mucche, i maiali, gli insetti, gli animali domestici, gli esseri umani, ecc. ..., cioè tutto ciò che esiste e che esisterà, è nato e continuerà a nascere grazie all'energia che emanava e che continuerà a emanare dal movimento del grande Universo.

Nel momento in cui si verifica la separazione o la disconnessione tra la materia elettronica del corpo fisico e la massa magnetica dello spirito, quest'ultimo prenderà il volo verso il suo mondo spirituale, come fa un uccello sulla Terra per sfuggire al suo predatore. Se non può tornare al suo corpo fisico, lo spirito partirà per il suo mondo spirituale. La massa magnetica dello spirito potrà tornare sulla Terra in forma fisica solo se avrà il coraggio di ricominciare, perché dovrà incorporarsi in un bambino e rinascere come essere umano nel mondo fisico.

IL LAVORO DELL'AUTORE

Laureato presso la Scuola di Chimica, Facoltà di Scienze, Universidad Central de Venezuela, con una laurea in Tecnologia Chimica. Studi post-laurea in Scienze e tecnologie alimentari. Lavoro speciale sulla chimica dei prodotti naturali e sulla chimica delle malattie. Progettista di processi chimici. Questi libri dovrebbero essere soggetti a revisione man mano che si chiarisce come si è formato l'Universo, quindi cercate di leggere l'ultima edizione di ogni libro. Questi libri sono: "La chimica del cancro". "La chimica del diabete". "L'infarto". "Il morbo di Alzheimer". "La chimica dell'artrite". "La chimica del pensiero". "La chimica dello spirito". "Come si è formato l'Universo". "Gli espansori". "Perché non si dovrebbe mangiare carne". "Il micro mondo". "Dio esiste davvero?". "Obiezioni alla relatività di Albert Einstein". "Divinare il futuro". "L'errore dei grandi scienziati". "La vita sul Sole". "L'universo prima del tempo zero". "L'energia dello spirito. "L'origine del cancro. "Il mondo delle cellule. "La chimica delle malattie". "La particella che ha creato l'universo". La chimica del cancro, settima edizione. La chimica del diabete sesta edizione; La chimica dell'infarto quarta edizione, "La chimica della memoria"; La chimica dell'artrite terza edizione. "Il potere creativo della mente. La particella che ha formato l'universo", terza edizione. "La massa iniziale dell'universo". "Non si dovrebbe mangiare carne". "L'origine del corpo e dello spirito. "Adorare l'universo". "Zucchero un nemico in cucina". "I viaggi nel tempo". La chimica del cancro, edizione 8. La chimica del diabete, edizione 7. La chimica dell'infarto Edizione 5. La memoria dello spirito Edizione 1, La chimica dell'artrite Edizione 5. "La vita dello spirito". "Riscrivere la scienza". "L'inizio dell'universo". "Crescita spirituale". "L'accoppiamento dello spirito con il corpo". "L'origine della vita. "La morte non esiste". La chimica del cancro, edizione definitiva. La particella che ha creato l'universo, edizione definitiva. "L'incorporazione dello Spirito nel corpo fisico". "Sono venuto dal Sole". "Malattie prevenibili". "L'origine della vita sulla Terra.

www.ingramcontent.com/pod-product-compliance
Lightning Source LLC
LaVergne TN
LVHW091121150826
845673LV00002B/924

* 9 7 9 8 3 6 7 9 8 9 0 1 4 *